Mis primeras palabras científicas

Palabras para el clima

Un libro de El Semillero de Crabtree

clima

soleado

nublado

lluvioso

tempestuoso

ventoso

tornado

nevoso

neblinoso

arcoíris

Glosario

arcoíris: En arcoíris es un arco de diferentes colores. Los arcoíris aparecen cuando el sol brilla de cierta manera a través de las gotas de agua que hay en el aire.

clima: El clima describe cómo es el aire en el exterior (caliente, frío...). También nos dice cómo se mueve el aire (viento) y qué trae consigo (lluvia, nieve...).

lluvioso: El clima lluvioso aparece cuando la lluvia cae desde las nubes.

neblinoso: El clima neblinoso hace que sea más difícil ver lo que hay fuera. La neblina está hecha de vapor de agua.

nevoso: El clima nevoso aparece cuando la nieve cae desde las nubes.

nublado: Un clima nublado presenta muchas nubes en el cielo, y el sol no brilla a través de ellas.

soleado: Un cielo soleado tiene pocas o ninguna nube que bloqueen la luz del sol.

tempestuoso: El clima tempestuoso trae consigo muchísima agua o nieve. Puede ser también muy ventoso y tener truenos y rayos.

tornado: Un tornado es una columna de aire poderosa y giratoria que tiene forma de embudo. Los tornados son peligrosos.

ventoso: Un clima ventoso ocurre cuando el aire en el exterior se mueve rápido.

Apoyos de la escuela a los hogares para cuidadores y maestros

Los libros de El Semillero de Crabtree ayudan a los niños a crecer al permitirles practicar la lectura. Las siguientes son algunas preguntas de guía que ayudan a los lectores a construir sus habilidades de comprensión. Algunas posibles respuestas están incluidas.

Antes de leer:

- **¿De qué piensas que tratará este libro?** Pienso que este libro tratará sobre el clima. Quizá nos enseñará los distintos tipos de clima que hay.
- **¿Qué quiero aprender sobre este tema?** Quiero saber qué ropa usa la gente dependiendo del clima.

Durante la lectura:

- **Me pregunto por qué...** Me pregunto por qué parece que hay dos arcoíris en la fotografía de la página 21.
- **¿Qué he aprendido hasta ahora?** Aprendí que la gente usa bañadores cuando el clima está soleado y chaquetas cuando está nublado. Usan sombreros, abrigos y guantes cuando el clima está nevoso.

Después de leer:

- **¿Qué detalles aprendí de este tema?** Aprendí que manejar puede ser difícil cuando el clima está neblinoso. Los automóviles tienen faros que ayudan a la gente a ver mejor.
- **Lee el libro de nuevo y busca las palabras del vocabulario.** Veo la palabra *lluvioso* en la página 8 y la palabra *tornado* en la página 14. Las demás palabras del vocabulario están en las páginas 22 y 23.

Library and Archives Canada Cataloguing in Publication

Title: Palabras para el clima / de Taylor Farley y Pablo de la Vega.
Other titles: Weather words. Spanish
Names: Farley, Taylor, author. | Vega, Pablo de la, translator.
Description: Series statement: Mis primeras palabras científicas | Translation of: Weather words. | Translated by Pablo de la Vega. | "Un libro de el semillero de Crabtree". | Text in Spanish.
Identifiers: Canadiana (print) 20200416022 | Canadiana (ebook) 20210094524 | ISBN 9781427132376 (hardcover) | ISBN 9781427132420 (softcover) | ISBN 9781427135704 (read-along ebook)
Subjects: LCSH: Weather—Terminology—Juvenile literature. | LCSH: Climatology—Terminology—Juvenile literature.
Classification: LCC QC981.3 .F3718 2021 | DDC j551.6—dc23

Library of Congress Cataloging-in-Publication Data

Names: Farley, Taylor, author.
Title: Palabras para el clima / de Taylor Farley y Pablo de la Vega.
Other titles: Weather words. Spanish
Description: New York : Crabtree Publishing, 2021. | Series: Mis primeras palabras científicas - un libro de el semillero de Crabtree | Includes index. | Audience: Ages 4-6 | Audience: Grades K-1 | Summary: "This book builds beginning vocabulary about the science of weather. Extremely helpful for elementary science preparation, eight words combine with a visual depiction so readers can see what the word means"-- Provided by publisher.
Identifiers: LCCN 2020056206 | ISBN 9781427132376 (hardcover) | ISBN 9781427132420 (paperback) | ISBN 9781427135704 (ePub)
Subjects: LCSH: Weather--Juvenile literature.
Classification: LCC QC981.3 .F3318 2021 | DDC 551.5--dc23
LC record available at https://lccn.loc.gov/2020056206

Crabtree Publishing Company
www.crabtreebooks.com 1–800–387–7650

e-book ISBN 978-1-950825-62-2

Print book version produced jointly with Blue Door Education in 2021

Written by Taylor Farley
Production coordinator and Prepress technician: Samara Parent
Print coordinator: Katherine Berti
Translation to Spanish: Pablo de la Vega
Edition in Spanish: Base Tres

Printed in the U.S.A./022021/CG20201215

Photo credits: page 2 © Shutterstock.com/Thomas Amby; page 3 © Shutterstock.com/solarseven, weather symbols © Shutterstock.com/ En min Shen; cover and page 5 © Shutterstock.com/ Anton Sterkhov; page 7 © Shutterstock.com/ Lilly Trott; cover and page 9 © Shutterstock.com/ A3pfamily; page 11 © Shutterstock.com/ page 11 © Shutterstock.com/ Studio 1One; page 13 © Shutterstock.com/ Neil Lockhart; cover and page 21 © Shutterstock.com/ Tomsickova Tatyana; page 23 © Shutterstock.com/ Kichigin; rainbow icon © Shutterstock.com/Solaie; page 19 © Shutterstock.com/bogdan ionescu ©shutterstock.com/Brian A Jackson www.Shutterstock.com

Published in Canada
Crabtree Publishing
616 Welland Ave.
St. Catharines, Ontario
L2M 5V6

Published in the United States
Crabtree Publishing
347 Fifth Ave.
Suite 1402-145
New York, NY 10016

Published in the United Kingdom
Crabtree Publishing
Maritime House
Basin Road North, Hove
BN41 1WR

Published in Australia
Crabtree Publishing
Unit 3 – 5 Currumbin Court
Capalaba
QLD 4157